STEM 战场中的科学

战场中的电子学
ELECTRONICS GO TO WAR

[英] 特里·伯罗斯 著

夏凤金 译

科学普及出版社
·北京·

图书在版编目（CIP）数据

战场中的科学.战场中的电子学/(英)特里·伯罗斯著；夏凤金译.-- 北京：科学普及出版社，2022.4
ISBN 978-7-110-10428-6

Ⅰ.①战… Ⅱ.①特… ②夏… Ⅲ.①科学知识—普及读物 ②电子学—普及读物 Ⅳ.① Z228 ② TN01-49

中国版本图书馆 CIP 数据核字（2022）第 053860 号

© 2020 Brown Bear Books Ltd

BROWN BEAR BOOKS

STEM ON THE BATTLEFIELD/robots, drones, and radar: electronics go to war
Devised and produced by Brown Bear Books Ltd,
Unit 3/R, Leroy House 436 Essex Road London,
N1 3QP, United Kingdom

Simplified Chinese Language rights thorough CA-LINK International LLC (www.ca-link.com)
北京市版权局著作权合同登记　图字：01-2021-7047

目录

战场中的电子学 4

电子通信 6

雷达与声呐 10

遥控交通工具 14

虚拟现实与观测 18

智能导弹 22

智能训练 26

侦察与监听 30

无人机 34

机器人上战场 38

网络战 42

大事记 44

战场中的电子学

第二次世界大战期间（1939—1945），德国计划征服英国，1940年7月制订了闪电打击英国皇家空军（RAF）的计划，并由此入侵英国。7月10日，德国轰炸机向英国奔袭，不过出乎德国人的意料，英国此时已经严阵以待，准备好战斗了。因为英国设计了一套预警系统——雷达。雷达是利用无线电波探测来袭敌机。电磁波从空中目标的表面反射回来，观测人员就能"看"到320千米外的德国战机。这就给了英国空军飞行员应对突袭的时间。

收到德军即将空袭的消息后，英国皇家空军的飞行员冲向战机驾驶室。

在雷达的帮助下，英国皇家空军于 1940 年 10 月 31 日击退德军。德军不得不放弃入侵英国的计划，但对英国人来说，战争并没有停止。

变化的电流

雷达的使用显现了电子学在战场上的威力。电子学利用的就是那些使电流产生变化的设备。在 20 世纪，电子学为收音机、电视机甚至计算机等的发明奠定了基础。在现代战争中，人们利用电子学的理论，制造无人驾驶车辆和自动武器。有时候，现代战争就像电子游戏，比如使用无人机攻击敌人等。未来的战争将越来越多地使用电子武器。

1906 年，美国工程师李·德福雷斯特发明了一种可以放大电信号的电子三极管。这种电子管成为之后的电子设备中的基础部件。

电子通信

在军事行动中，军令的传送非常重要。在电子通信出现之前，这些信息主要靠人传或者利用擂鼓、挥旗或点狼烟等方式传递。

19世纪20年代，出现了第一台电报机。电报机通过光缆向接受方发射电压大小变化的脉冲电信号。在1853—1856年的英俄克里米亚战争中，英国成为首个将这种电报机投入战场应用的国家。

在克里米亚，英国工程师在作战前线与指挥部之间铺设电缆，长达48千米。指挥这场战争的司

在美国内战（1861—1865）中，北方联军正在铺设传输电信号的电缆。

令拉格伦勋爵就是使用电报发号施令，与前线的将军们联络。

19世纪70年代，科学家试图利用电报传递声音，由此发明了电话。这是人类通信史上具有里程碑意义的发明。使用者对着话筒讲话，电话将声波振动转化成电阻的变化，然后将这种大小变化通过电缆传送出去。在另一端，受话机将这种变化再转化成声音。到"一战"时期，电话已用来向战壕中的士兵传达命令。

"一战"期间（1914—1918），一位军官正在使用野战电话。这种电话装在盒子里，另一端连着长长的电缆。

科学档案

野战电话

士兵一边往前走一边将电缆从卷筒上放下来，用长长的电缆将指挥部与作战前线连起来，这样他们之间就可以用野战电话联络。在英军与南非白人农民之间的第二次布尔战争（1899—1902）中，英军首次应用了野战电话。

科学档案

无线电电话

与有线电话不同，无线电电话是通过无线电信号传送声音的。雷金纳德·范信达在1900年发明了无线电电话机。在这之前，无线电被用来发送电信号，比如长短信号变化的摩尔电码等。范信达的发明意味着可以用无线电波传送声音，为20世纪无线通信的发展奠定了基础。

海上救援

到"一战"时，不使用电缆就可以传送信息了。意大利发明家古列尔莫·马可尼发现了在空气中发射和接收电磁波的方法。无线电通信的首次应用是在海上。1912年的头条事件是泰坦尼克号客轮的沉没，当这艘客轮在大西洋沉没之时，向空中发出了求救信号。周围过往的船只接收到信号后，救出了706人（1517人死亡）。

1897年，英国工程师正在检测马可尼的无线电设备，他们很想了解这种设备能否军用。

遥控交通工具

在战场上应用无人驾驶交通工具的历史已经超过2500年了。在公元前5世纪，古希腊雅典的无人舰船向锡拉库扎发起进攻。

锡拉库扎人点燃了一艘装满木材的战船，并将这艘熊熊燃烧的战船推向了雅典人的桨帆船。

随后雅典人的船只陷入一片火海。这种使用火船攻击的方法直到19世纪还能在战场上看到。

1898年，尼古拉·特斯拉展示了第一个遥控电子设备。通过一根电线发射电信号，就可以操纵一只模型船的运动。

在1770年的切什梅海战中，俄国人用火船冲击摧毁了一艘土耳其的快艇。然而火船有一个问题，就是人们无法操纵它。

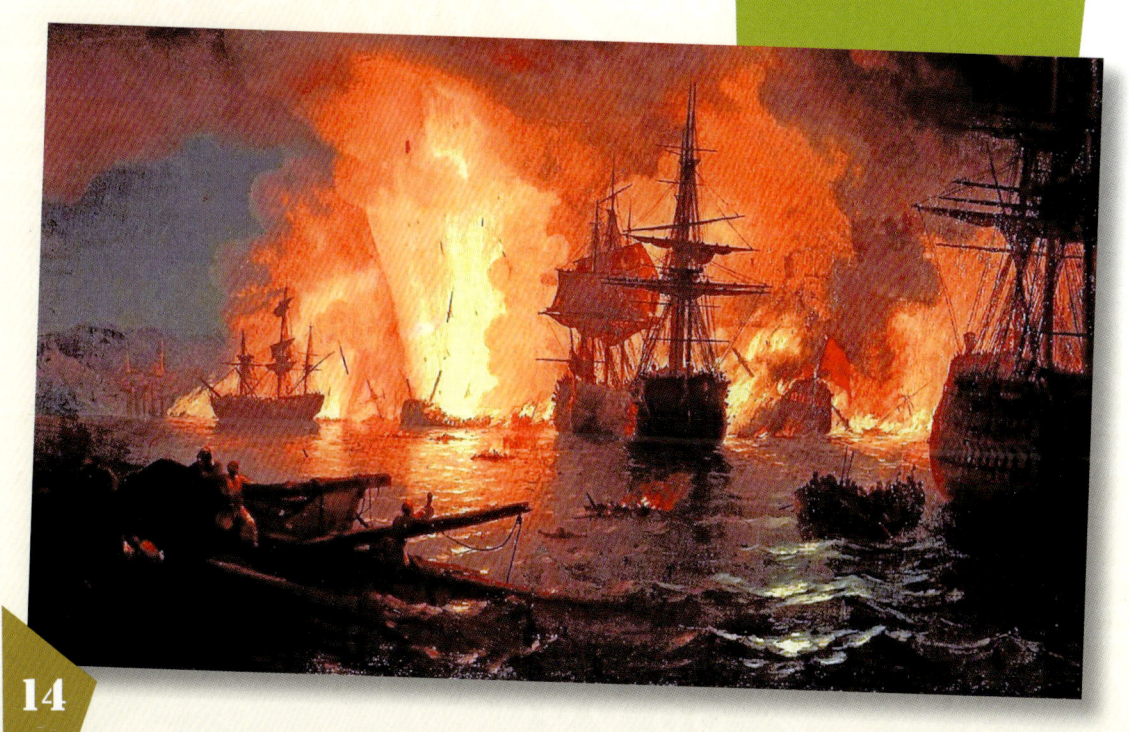

在美军沙利文号导弹驱逐舰上，声呐技术人员正盯着屏幕，搜寻水下活动的信号。

在声呐系统中，发声器发出声波脉冲（一般称为"ping"），当这个脉冲被反弹回来时，系统中的接收器就能探测到它。利用声波发出和返回的时间差，就能算出和目标物体之间的距离。这种声呐系统称为主动声呐，从"二战"开始获得了广泛应用。

被动声呐

在现代军队中，也能见到被动声呐的身影。被动声呐不发射声波脉冲，因为这可能被敌人探测到。它只是监听水下的声音，然后用计算机分析这些声音信号，从而判断发出声音的船舶是敌军还是友军。

聪明的大脑

海蒂·拉玛尔（1914—2000），好莱坞电影明星。在"二战"期间，她与作曲家乔治·安泰尔合作发明了一种提高鱼雷打击能力的方法。当时，德国人可以干扰引导鱼雷运动的无线电信号，从而使鱼雷脱靶。拉玛尔和安泰尔想到了使无线电信号频率一直变化的方法，巧妙地避开了德国人的干扰，从而确保鱼雷命中目标。

13

使用声音信号

在"一战"中,舰船都装配上了水下听音器,顾名思义,这是一种在水下探听声音的设备。通过它,可以"听"到潜水艇发动机发出的噪声,从而发现敌人的潜水艇。

声呐(声波导航与测距)的工作原理类似于雷达,只是它是通过声音信号去探测水下目标。在20世纪30年代,美国的电子工程师通过对大洋中鲸和海豚的导航原理的研究,开发了一种声呐系统。

鲸和海豚在水中遨游时会发出声响。如果这些声音被反弹回来,这些哺乳动物就能探测到,从而可以避开障碍物。

当一架战机飞入接收端和发射端所在的有效区域时，接收端就会探测到它反射的电磁波。

战场上的雷达

"二战"开始后，英国建设了一个雷达网，用来探测飞临的飞机。这样，面对来袭的敌机，他们就有了战机升空作战的准备时间。

在冷战（1947—1991）时期，雷达技术有了进一步的发展。在这场争夺全球政治影响力的战争中，以美国与苏联（1922—1991）为首的两大阵营之间相互对立，双方均使用雷达系统探测对方的核弹发射。

聪明的大脑

阿诺德·威尔金斯（1907—1985）是一位英国科学家，他首先提出利用无线电波探测飞机的想法。对于雷达的工作原理，他给出了数学验算。在第一次验证中，他与罗伯特·沃森-瓦特探测到了12.8千米之外的一架飞机。在一年之内，他将这个距离扩大到了100千米。

第二次世界大战开始时，英国在海岸线附近建造了早期预警雷达，一般称为海岸警戒雷达（CH）。

11

雷达与声呐

1888 年，德国物理学家海因里希·赫兹声称空气中充满了电磁波。当这些波碰到金属表面，就会被弹回它的源头。

50 年之后，赫兹的发现成为无线电探测、测距，也就是雷达的理论基础。在 20 世纪 30 年代中期，英国政府希望增强抵御空袭的能力。一位叫罗伯特·沃森-瓦特的气象学家曾经用电子设备测量闪电引发的电磁波。这种设备叫示波器，出现在 1897 年。沃森-瓦特使用示波器来追踪雷暴。他的助手阿诺德·威尔金斯想到，可以用它来探测飞机。

1935 年，沃森-瓦特和威尔金斯对这个想法进行了验证。他们在野外架设了一个接收器，专门接收另一台无线电发射出的无线电波。

在示波器绿色的屏幕上，可以显示出无线电波或电磁信号。

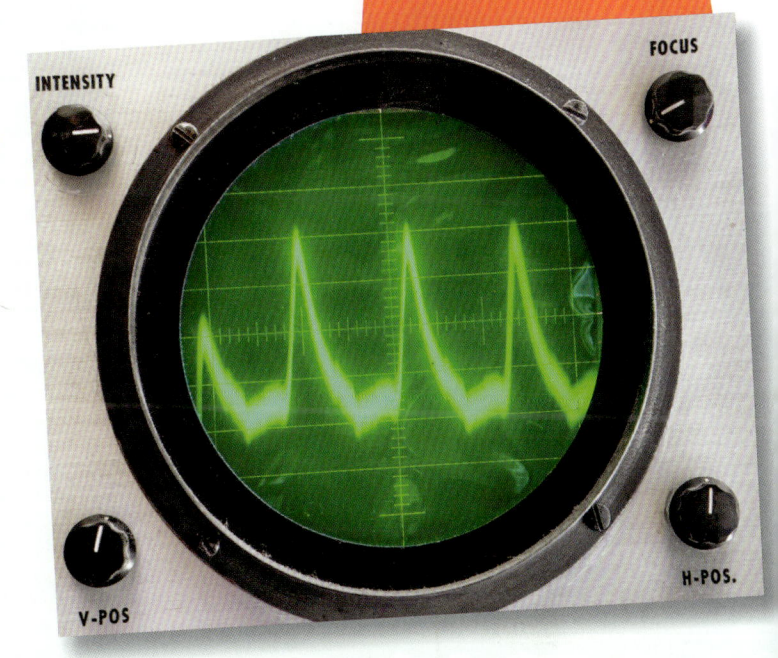

2010年，阿富汗，在一次军事行动中，一位美国士兵正在收听无线电信息。他身边的天线正在接收来自卫星的信号。

1906年，李·德福雷斯特发明了电子三极管。1914年，人们用电子三极管制造无线电设备，从而可以更方便地发射和接收声音。这种传送声音的方式就是无线电广播。

第二次世界大战

在"二战"中，美国军方发明了首部步话机。这是一种可以放在背包里的双向通话便携设备。为了能够远距离通信，美国人又发明了中继网络，这些网络由一个个相距较近的无线电波发射站组成，无线电信号就是在这些发射站之间传递。利用这个网络，位于美国华盛顿的政府就可以向在欧洲、太平洋的司令官们下达命令。

特斯拉设想在未来战争中，可以用远程操控的船只装满炸药靠近敌舰。抵达目的地后，操纵者引爆炸药，即可将其炸沉。

"一战"中的爆破艇

在"一战"中，德军开始使用电子设备遥控的爆破艇——FL艇（遥控爆破艇）。FL艇拖拽着从海岸上卷筒上伸展出的电缆，陆上操作人员就是通过这根电缆控制FL艇的运动。FL艇可以向海中深入数千米。当它接近敌舰时，操作人员发送电信号，引爆船上的炸药。这种装置的运作原理与特斯拉所预想的别无二致。

在比利时附近海面，德国人使用FL艇攻击英国船只。每只FL艇携带了大约700千克炸药。

科学档案

戈利亚特坦克

戈利亚特坦克是一种遥控爆炸微型坦克。长不过1.5米，配备2台电动马达，由单人使用操纵杆操纵，最多可携带100千克炸药。当它到达合适的位置时，操作人员将其引爆，即可将建筑桥梁夷为平地。因其为一次性用品，所以是一种成本较高的武器。

陆上交通工具

在陆地上也可见到遥控交通工具的身影。1917年，美军设计制造了威克沙姆陆上鱼雷。其实这是一种微型坦克，可载180千克炸药，通过电缆有线控制。但是这种"陆上鱼雷"易出故障，可靠性不高，所以制造量很低。

英国士兵缴获的德军戈利亚特坦克，这是德军从1942年直到1945年"二战"末期使用的微型坦克。

"二战"中，人们又对遥控坦克进行了改进。英国制造了维克斯MLM坦克，德国研制了戈利亚特坦克。不过这些设备都是试验性的，在战场上没有造成什么影响。

遥控坦克

第一款具有实战意义的遥控坦克是苏联在1939年制造的Teletank。Teletank可以装配机枪、喷火器、投弹系统及烟雾装置。它由无线电信号遥控操作，可以识别完成24种不同的指令。

这个遥控武器站配备了1支5mm口径机枪和6个烟雾弹发射枪。摄像机与车内的显示屏相连。

科学档案

遥控武器站

遥控武器站是装配在战车外面的武器系统，由枪手在车内安全位置遥控操作。美军的"乌鸦"遥控武器系统安装在"悍马"车的顶部，枪手在车内通过屏幕监控外界情况，通过操纵杆遥控操作。

虚拟现实与观测

利用电子设备可以获取目标的高清或放大图像。它们不但可以帮助士兵瞄准目标，还可以提供监视敌人动向的功能。

在"二战"中，战机的机枪上都有反光瞄准镜，可以提高射击精度。进入机枪视野的所有物体都会通过这个反射系统呈现在飞行员眼前，这样他无须往下看，就可以瞄准射击目标。

基于这个思路，后来发展出了平视显

> 现代喷气式战斗机驾驶舱前面的玻璃上，会为飞行员显示出飞机的飞行高度和速度等信息。

示（HUD）系统。它相当于一台投影屏，在飞行员视线正前方显示大量的相关数据。

影像增强器

使用夜视设备，士兵在几乎全黑的环境下也能进行瞭望观察。所有这些类似的设备都可称为影像增强器，只需要一点点光，它们就能发挥重要的作用。一丝丝微弱的光进入这种设备后，被光电倍增管光转化成电子，电子打在涂覆了磷光剂的表面上，就会产生白色的闪光，使人看到的图像更亮。

夜视仪可以安装在头盔上，也可像护目镜那样直接戴在眼睛上。还可以将夜视仪做成便携式双通望远镜的样子。

科学档案

夜视仪

1929年，匈牙利科学家卡尔曼·蒂豪尼发明了光电倍增管，由此产生了各种夜视设备。蒂豪尼的这一发明基于他对光的本质的深刻理解以及对电子等亚原子的研究与理解。

科学档案

虚拟现实系统

虚拟现实系统是士兵佩戴的一种眼镜。它可以接收指挥官发来的指令，并呈现在士兵的前方。又如，它还能为士兵所观察到的环境配上地图。这种虚拟现实系统是增强现实的一种。

在夜视仪里看到的景象是缺少一些色彩的。在它的荧光屏上看到的画面是绿色的，因为跟其他颜色相比，绿色更适合人眼长期观察，另外，人眼对绿色更加敏感。

热成像

如果环境中完全没有光线，夜视仪也可以通过热成像。热成像设备利用热量来成像：人类等温血动物相比周围环境会放出更多的热，这些热是以红外辐射的形式释放的，热

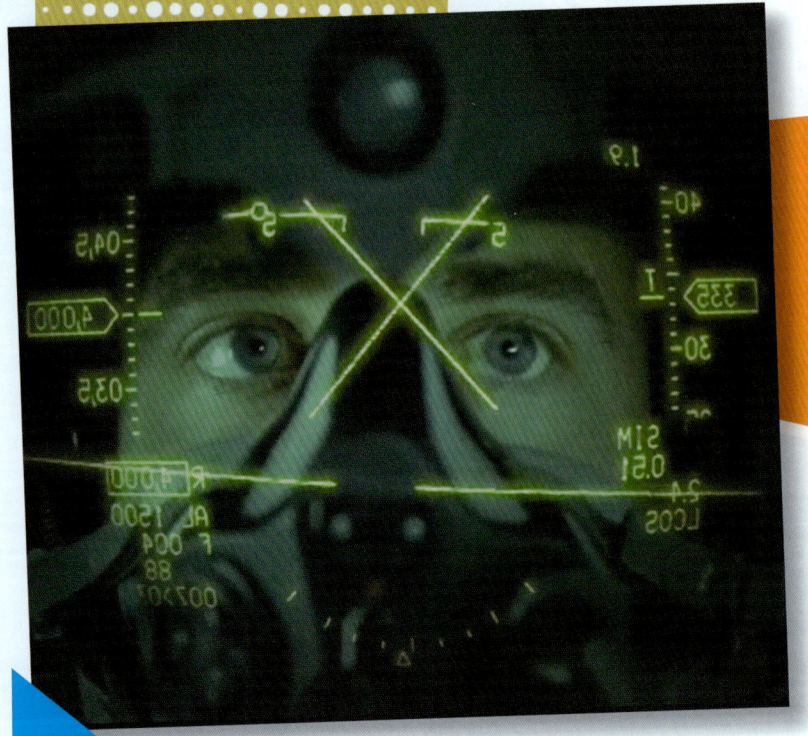

虚拟现实系统将方向、海拔等信息显示在飞行员的面罩上。

利用热成像仪，可以看到黑夜中的人。

成像设备可以将这些辐射转化为可见光。就算人或其他动物躲在密林之中，只要用热成像仪就能看到明亮的身形。

看清黑夜中的景象

在军事上，可以利用夜视技术观察敌人的动向或者深入敌后展开侦察。还可以用来辅助瞄准，使夜里的射击效果如同白昼。这种技术可以做成眼镜式的或头戴式的夜视仪，也可以内置到军用瞄准器上。

21

智能导弹

以往的导弹飞行路线是固定的，能否击中目标取决于发射者的瞄准精度。现代智能武器能够自动瞄准并锁定目标。

智能武器依靠雷达或激光"找到"目标。一旦发现目标，就自动锁定，具有极高的准确度。

德国人的攻击

第一种智能武器是德国人在"二战"期间开发的。德国科学家设计这种武器的目的是袭击美国和英国的战舰。1943年8月，制导导弹第一次使用。战后，盟军的科研人员对德国的这一成果进行了研究，在此基础之上，英国

亨舍尔Hs293是德国发明的一种无线电制导导弹，由火箭发动机提供动力。它的设计用途是击沉敌方军舰。

和美国分别制造出了各自的智能武器。

雷达制导

早期的制导武器均使用雷达制导。轰炸机上发射出导弹，每颗导弹上都带有一个雷达传感器。战机本身也带有雷达系统，可对导弹进行引导。

科学档案

雷达制导武器

在"二战"中，德国空军应用了多种雷达制导导弹，其中之一是弗里茨 X（Fritz X）。这是第一种应用在实战中的精确制导武器。它是通过一个无线控制器向弗里茨 X 的弹翼发射控制信号，借助弹翼的开合改变导弹的行进方向。

1943 年 9 月，德国轰炸机向意大利的"罗马"号战列舰投掷弗里茨 X 导弹，该舰被击中后升腾起滚滚浓烟，最终沉没。

科学档案

激光制导导弹

在越南战争中（1955—1975），美国首先使用了激光制导导弹。这种导弹大大降低了对重装护卫目标的轰炸难度。它的上面装配了光电二极管，这种二极管对激光很敏感。操作者向目标发射一束激光，即可对导弹进行制导：二极管接收到激光，导弹在激光的导引下击中目标。

飞行员发射导弹后，将雷达指向轰炸目标，这样导弹就会沿着雷达波击中目标。虽然雷达系统的造价高昂，但是可靠性却不高，大概只有10%的准确率。

这幅模拟图展示了一枚导弹如何在激光的引导下轰炸地面目标。

在加利福尼亚的一次试验中，一枚红外制导"响尾蛇"导弹命中一架老式美军战机。

"响尾蛇"导弹

像AIM-9"响尾蛇"导弹这种现代智能导弹起源于20世纪50年代。它适用于对近距离的战机的攻击或导弹的引爆。

"响尾蛇"导弹及其他智能导弹利用"找寻"系统发现目标。在这种系统上有一个对热量极度敏感的红外探测器。在导弹的"鼻子"上有一面镜子，它可以将敌机的发动机和导弹发出的热量反射到红外探测器上，这样红外探测器就能计算出热量来自何处。之后自动调整导弹的角度，瞄准目标。在空战中，"响尾蛇"导弹有着较高的成功率。

智能训练

电子学是现代军事训练系统的基础。这些系统使用计算机营造一个模拟环境，这样士兵在安全的环境中就可以训练针对实战情况的反应能力。

最知名的智能训练系统是飞行模拟系统，可以训练飞行员掌握飞行技术。在"一战"期间，首次应用了飞行模拟系统，训练飞行员瞄准轰炸目标。如果他们直接瞄准正在飞行的战机，那么他们发射的子弹将落在目标后面，不能击中目标。

"一战"期间，一位飞行员正在轨道上的模拟系统中练习机枪射击。

如果没有模拟系统,飞行员只能在实战中去做这些训练,这样不但很危险,效率也不高。

明星教练

美国在 1929 年发明了林克(LINK)飞行训练机,它的造型与战机驾驶舱类似。舱内有可实际运行的仪表盘和控制按钮。在电泵的驱动下,训练机按照飞行员的指令运动。林克训练机使飞行新手获得了宝贵的飞行体验。在"二战"期间,大约有 50 万盟军飞行员使用它学会了飞机驾驶技术。

"二战"后,出现了用计算机控制的现代电子模拟器。

"二战"中,一位美国飞行员正在 LINK 飞行训练机上练习。他头上戴的耳机用来接收指导人员的消息。

科学档案

飞行模拟器

现代的模拟器都是安装在运动的平台上。平台下面安装了至少4个活塞,活塞各自做上下运动,制造一种模拟器飞行在空中的效果。活塞是根据飞行员的操控运动的。模拟器上同样根据飞行方向的不同显示出地形的变化

20世纪50年代,喷气战斗机成为最现代化的武器。它的飞行速度太快,飞行员很难及时对看到的飞机窗外情况做出反应。因此,飞行员在电子模拟器上学习如何只依靠操控面板飞行。

新的现实

20世纪70年代,飞行模拟器的效果更加逼真。新的计算机制图技术,使人感觉模拟器真的飞上了天空。

一位飞行员正在驾驶现代模拟器"飞行",下面是用计算机模拟出的地形。

起初模拟器是在黑色的屏幕上用白线和点表示地形,后来开发了彩色的显示图。现代模拟器中则用上了3D显示技术,看起来跟真的一样。

利用电子学和计算机技术还发展出了很多其他的现代模拟器,如坦克战场模拟训练器、训练士兵进入敌人建筑物或完成其他任务的头戴式模拟器。使用这些训练器就像玩虚拟现实电子游戏一样。

科学档案

虚拟现实显示装置

在军队中,士兵使用虚拟现实头戴式显示装置(HMD)训练。参训人员佩戴的HMD装置与跟踪系统相连,他们的移动情况会反馈显示在HMD的屏幕上。士兵可安全地在这种模拟战场中完成战斗。

士兵正在使用虚拟现实装置做特殊场景(如解救人质)训练。在HMD装置中,他们可以看到自己的移动情况。

侦察与监听

一般来说，军事计划人员总想知道敌方的作战计划。在19世纪中期之前，将军们都是派骑兵巡逻队深入敌后，报告敌人的动态。

19世纪，照相技术开始在军事瞭望中发挥作用。最先广泛使用的照相技术的战争是克里米亚战争和美国内战。1911年，在意土战争（1911—1912）中，意大利飞行员卡洛·马里亚·皮亚扎飞临敌军上空，拍下了第一张军事侦察照片。

"一战"中，一位德国军官正在准备一次热气球飞行，以拍摄敌军战壕的情况。

空中视角

"一战"期间,英军组建了第一支军事摄像部队,他们的飞机携带特制的照相机对敌人的战壕拍照。这些照片可以帮助指挥官制定攻击作战计划。

"二战"期间,军事侦察摄像技术获得了广泛的应用。将几台高速照相机装配在特制的战斗机上可以对同一个地点拍摄数幅照片,再用特制的设备观察这些照片,就差不多能看到三维成像的效果,这样就容易辨识地面目标。

1943年,英国情报人员经过对航拍照片的分析,确定了德国制造V-2火箭的工厂。随后,英国轰炸并摧毁了这间工厂。

聪明的大脑

弗雷德里克·查尔斯·维克托·劳斯(1887—1975)是航空摄影的先驱。它在20世纪初加入英国皇家飞行部队,开始乘坐军用飞艇拍照。"一战"期间,他设计了一种安装在飞机侧边的特殊相机。飞行员用它对地面上敌人的方位进行拍照。

"二战"期间,一位英国分析师正在研究航拍照片。

31

根据空中警戒和控制系统（AWACS）计划研制的波音E-3预警机于1977年服役。

科学档案

军事侦察飞机

现代的军事侦察任务是由飞机完成的。飞机上配备了雷达罩和其他设备，在敌人领地的高空飞过。可以探测到320千米开外移动的战机、战船或战车。如果空中警戒和控制系统探测到了敌人的行动，它可以直接向目标发动空袭。

高空侦察

20世纪下半叶，军事侦察相机装配在了改装轰炸机上。相机安装在弹舱的位置。夜间，飞机抛下照明弹，照明弹爆炸后照亮了爆炸点的上空，这样可以使拍摄的照片更清晰。

"冷战"期间，特制的喷气式战斗机如洛克希德公司的U-2战机被用来做高空军事侦察。这种间谍飞机的飞行高度可达20千米（已经到了大气层的边缘），被用来拍摄苏联的军事基地和导弹设施。

窃听无线电信号

几乎从无线电发明之时起,它就被用来在战场上传递信号。也就是从那时起,战场上的各方都试图去窃听对方的信号。

窃听军事无线电信号的任务由监听站完成。那里的专家们对窃听的信号进行分析,寻找有用的信息。这些监听站在"二战"和"冷战"中发挥了重要作用。美国、英国及其同盟国发起了一个名为"ECHELON"的项目,意在监听东欧社会主义国家间的通信,发现其中的军事威胁以及间谍行动。这个项目一度被列为最高机密。到了21世纪,这个项目的监听范围扩展到了全球。

位于英格兰北部的曼维斯山是世界最大的监听站。它建有33个雷达台站(包括雷达和卫星设施)。

无人机

军用无人机是一种无人驾驶飞行器（UAV）。这种远程控制飞行器可以用来搜集敌情，也可以装配攻击武器。

在现代战争中，无人机起着越来越重要的作用。与喷气式战斗机相比，无人机的制造和维护成本低，可以在战争危险区域飞行，比飞行员更能承受远距离飞行，一次飞行可达 30 小时。在单次任务中，地面上的操纵者可以轮流操控无人机，这意味着它们可以执行那些让战斗机飞行员感到厌烦的重复任务。

MQ-1"捕食者"无人机装配了一台热成像照相机和一副卫星天线。在它的机翼下方，携带了两枚"地狱火"导弹，可以摧毁包括坦克在内的地面目标。

这幅小型敞篷货车的照片是MQ-9"死神"无人机在伊拉克拍摄的。照片上显示了操作者打击地面目标所需的全部信息。

"驾驶"无人机

少数无人机的飞行路线由机载计算机确定，但是绝大多数无人机是在地面人员的操纵下飞行的。操纵员无须在飞机附近，实际上他们一般跟无人机都不在一个大洲。美国的无人机操纵员可以坐在北美的基地中，收看全球无人机执行任务的直播画面。

聪明的大脑

亚伯拉罕·E.卡莱姆（1937— ）在以色列开启了他的无人飞行器的研究。1974年，他移居美国继续他的研究。1994年，他设计的MQ-1"捕食者"无人机应用于美国空军在伊拉克、阿富汗、巴基斯坦执行的任务，大获成功。

科学档案

便携式无人机

2000年以来,科学家设计了体积更小的无人机。一些无人机可以折叠放进背包里,带入战场。无人机起飞之后,操控员可以用笔记本电脑或平板电脑对其操控。这些无人机大部分用来做军事侦察,不过有一些也可以携带导弹。

比如,他们可以清楚地看到在数千千米之外的阿富汗无人机所能看到的景象。大部分无人机被用来做军事侦察。操纵员操纵无人机对地面目标进行摄像拍照。分析团队研究这些影像,寻找目标。一经发现,无人机即可发射导弹。一些操纵员表示,操纵无人机就像玩电子游戏。

一位美军士兵正在阿富汗发射一架便携式RQ-Ⅱ"乌鸦"无人机。它重1.9千克,一次可飞行60~90分钟。

战争中的无人机

在越南战争中，美军首次使用了军用无人机，对北越军队的位置进行拍照。1973年，在阿以冲突（阿拉伯联盟与以色列的冲突）中，无人机又一次现身。当时以色列发射了数架无人机迷惑埃及军队，埃及误以为是战斗机，对这些假的入侵者发射尽了所有的导弹。

武装无人机第一次亮相是在1988年。在两伊战争（1980—1988）进入尾声时，伊朗空军用武装无人机向伊拉克发射了导弹。在海湾战争中（1990—1991），美国空军使用RQ-2"先锋"无人机侦察攻击敌人。海湾战争以后，无人机成为部队的标准配置，每支美国部队都有自己的无人机。

"黑色大黄蜂"无人机只有10厘米×2.5厘米大。英国和美国士兵在阵地中行进的过程中，使用这种小型的拍照间谍无人机放大观察建筑物或周围环境。

机器人上战场

机器人是一种可以自动完成任务的机器。最著名的军用机器人就是前面所述的无人机，但是在地面战场也活跃着机器人的身影。

军用机器人一般执行那些对人类来说太过危险的任务，比如排爆、排雷、拆除简易爆炸装置（IED）。1972年，英国首次使用机器人排爆，这个机器人因其外形而得名"独轮车"。

20世纪70年代，北爱尔兰，英国排爆专家正在观察"独轮车"接近可疑爆炸物。

当时恐怖分子在很多车辆底部放置了炸弹，安装了履带的"独轮车"能钻到车底，用钩子将炸弹拖到安全地带再引爆。

现代机器人

专家用笔记本电脑操控现代排爆机器人。从2007年开始，美军开始使用一种叫背包机器人（PackBot）的排爆机器人。

美国海军正在用笔记本电脑操纵一台背包机器人。机器人的机械臂功能多样，可以拆除绝大多数爆炸装置。

科学档案

DS-250"挖掘者"无人车被用来引爆地雷。它还可以用于清除杂草、密林和石块瓦砾。

排雷

地雷就是埋在地下的炸弹,当它们顶部受压时就会爆炸。排雷兵用地雷探测器定位地雷,当探测器感知到金属物时就会发出信号。在现代军事中,一般用大型装甲推土机或爆炸装置引爆排雷。

致命武器

还有一些被称作"致命自主武器"的军事机器人。从20世纪70年代开始,美国海军的战舰开始配置这种机器人,比如"密集阵"系统。它用雷达探测来袭的导弹,自动射击拦截,全过程无须人为操纵。

未来战争

机器人武器的应用越来越普遍。未来战争也许只是机器人与机器人之间的争斗。科学家正在研究人工智能技术，期望研制出能够自主思考的机器。这些技术有望应用在现代武器上，最终科学家可能会制造出能像真正的士兵一样有思考能力的战场机器人。

在一艘美国军舰上的密集阵致命自主武器，在探测到来袭导弹后，自动开火拦截。

科学档案

伦理争议

致命自主武器系统可以应用在遥控车辆上，它们可以对发现的任意目标进行自主射击。很多科学家和政治家认为这可能是一条错误的道路，因为它可能会误伤己方、友军车辆甚至平民。他们还担心，这些机器人不像人类士兵那样能够区分哪些操作是正确的，哪些是错误的。

网络战

在网络战中，没有前线与硝烟，也没有直接的人员死伤，甚至连宣战都不存在。但是在未来，网络战可能会是冲突的主要形式。

网络战是旨在攻击其他国家计算机系统的战争，它可由一个国家的政府发动，也可由一个独立的组织发动。网络黑客试图破坏敌人的信息系统。网络战起源于21世纪初，是比较新型的战争，很多是隐蔽进行的。没人知道这样的隐蔽战争的过多细节。

科学档案

网络恐怖主义

网络恐怖主义是对计算机系统的大规模破坏活动。2007年，爱沙尼亚与邻国俄罗斯发生争端，作为回应，俄罗斯的黑客主导了对爱沙尼亚的网络攻击，使爱沙尼亚议会、银行、电子商务、媒体等部门的电脑陷入瘫痪，国家一度陷入停滞。

美国军方专家在一处网络战基地与民用网络专家并肩作战。

美国网络司令部组建于 2009 年，控制着全美的网络系统。

⫸ 看不见的入侵者

　　计算机网络控制着商业、通信、运输等系统，一旦受到攻击，可能使一个国家失去正常运转的能力。很多军队组建了网络作战部队。这些部队的士兵负责攻击其他国家的网络，也寻找保护己方网络的方法。

　　西方政府指责俄罗斯和朝鲜等国对它们实施了网络攻击，但遭到了否认。抵御网络攻击的最好方式就是建设更加安全的网络系统，电子学又一次成为阻挡这种攻击的中坚力量。

大事记

1816 年	英国发明家弗朗西斯·罗纳尔兹设计了电报设备的雏形。
1854 年	英军在克里米亚战争中首次使用移动野战电报系统。
1888 年	海因里希·赫兹证明空中存在电磁波。
1894 年	俄罗斯物理学家亚历山大·斯捷潘诺维奇·波波夫发明无线电接收器。
1898 年	尼古拉·特斯拉演示第一种远程控制水上武器。
1899 年	在第二次布尔战争中,英军首次使用野战电话系统。
1906 年	李·德·福雷斯特发明电子三极管。
1914 年	弗雷德里克·查尔斯·维克托·劳斯为英国皇家飞行部队设计了航空摄影机。
1915 年	法国物理学家保罗·郎之万发明了第一款声呐装置,以探测潜艇。
1917 年	美军制造了威克沙姆陆上鱼雷,这是首款遥控地雷。
1917 年	德国海军制造水上遥控炸弹——遥控爆破艇。
1929 年	埃德·林克在美国发明飞行训练舱。
1935 年	罗伯特·沃森-瓦特和阿诺德·威尔金森调试第一个雷达系统。
1939 年	链条(CH)雷达站为英国东海岸提供防护预警。
1939 年	在与芬兰的冬季战争中,苏联使用了遥控战车。
1942 年	德国制造了戈利亚特遥控爆炸微型坦克。
1943 年	在对意大利西西里岛奥古斯塔港的袭击中,德国空军使用了弗里茨 X 无线电遥控炸弹。
1944 年	在诺曼底登陆中,第一款步话机摩托罗拉 SCR-300 投入应用。
1968 年	"宝石路"激光制导炸弹在越南战场得到首次使用。
1972 年	英军首次在北爱尔兰使用"独轮车"排爆机器人。
1973 年	在阿以战争中,以色列首次使用军用无人侦察机。
1988 年	伊朗空军首次配备武装无人机。
1994 年	美国空军引入通用原子 MQ-1 "捕食者"武装无人机。
2004 年	第一个通用武器遥控系统站在伊拉克投入使用。
2007 年	背包机器人(PackBot)军用机器人投入使用。
2009 年	美国成立网络司令部。
2012 年	美国"弹簧刀"微型无人机投入使用。